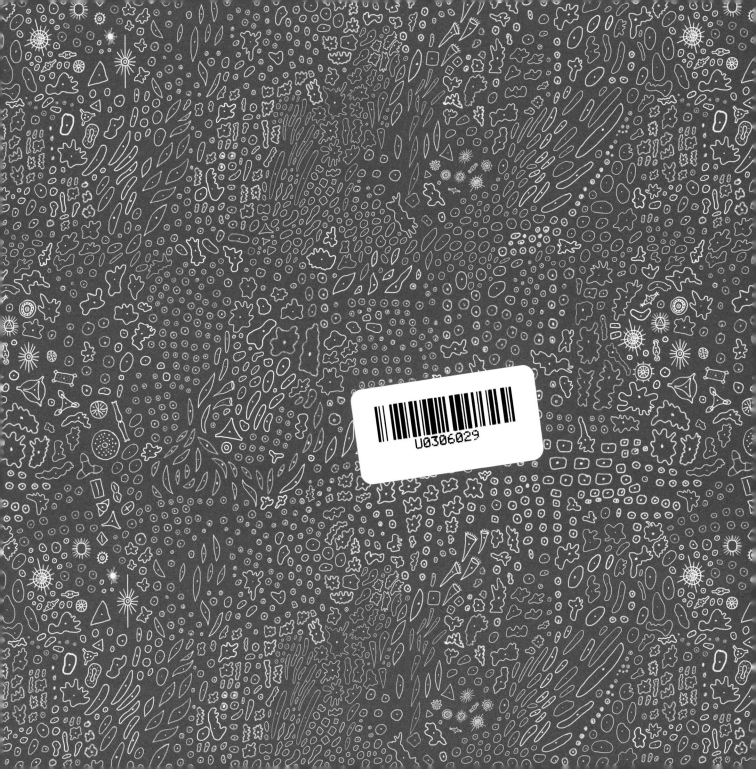

CELLS

细胞：

给所有生命的趣味科学书

文/图：〔加〕卡罗琳·费希尔　　翻译：陈静宇

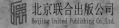
北京联合出版公司
Beijing United Publishing Co.,Ltd.

嘿！我是埃利。

不不不，我不是这只狗！

顺着箭头往这儿瞧——

我是一个细胞！

确切地说，是一个皮肤细胞。

我长在，呃……

这只波士顿
小猎犬的臀部*！

*我喜欢用"臀部"这个词，听起来比"屁股"高级。

哦，你不知道什么是细胞？？？

好吧，词典里说，细胞是

生物体结构和功能的基本单位，
它们通常很微小，在显微镜下才能
看见，一般由细胞质、细胞核和包围着
它们的细胞膜构成。*

这下你满意了吧？？？

*《牛津英语词典》2010年第三版。

等等！
你看不见我？

嗯……
是因为我们细胞
太小了，
所以肉眼看不到嘛！

那就放大看看！

恭喜恭喜

你拥有约37万亿个

本领高强的

细胞

人类：拥有约37万亿个细胞。

我：一个长在某只波士顿小猎犬臀部的皮肤细胞。

（这个数字可能有上下几万亿的误差）。

单细胞生物*由一个细胞构成。

变形虫

草履虫

硅藻

*动物和植物都是生物。

多细胞生物由

蓝鲸

很多细胞构成！

非生物不是由
细胞构成的。

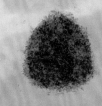

尘土
不是由细胞构成的。

水
不是由细胞构成的。

岩石
不是由细胞构成的。

一个细胞就像一块非常非常小的积木。

它和
其他
细胞

组合
在一起，

成为了

强调一下——

所有生物

大部分细胞都太小了，肉眼看不见，得用显微镜* 观察。

*显微镜是一种观察工具，可以放大微小的东西。

假如你左脚的小脚趾这么大，

一个皮肤细胞可能

这么小。

↓

而我，细胞埃利，

就是这么小。

↓

（以我的年龄来说，我的个子可不小。）

如果在显微镜下观察自己的某些细胞，

你可能会看到**这个**

皮肤细胞，放大1500倍。

或者**这个**……

神经细胞，放大500倍。

或者这些！

红细胞，放大2929倍

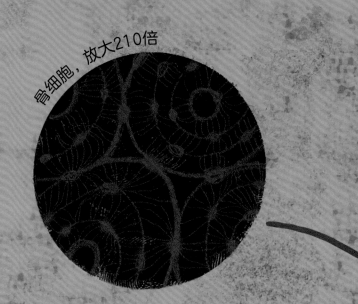

骨细胞，放大210倍

肌肉细胞，放大1200倍

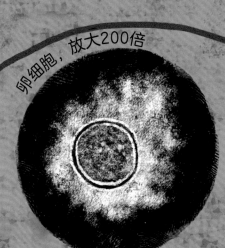

卵细胞，放大200倍

精细胞，放大200倍

不同种类的细胞大小和形状都不一样，
它们能完成各自不同的职责：

组成骨骼，

组成血液，

组成肌肉，

造出宝宝！

再放大一些，
你的细胞
看起来可能
像这样。

细胞膜

包围着细胞内部成分的
一层薄膜。

在细胞内部，能看到一些更小的结构，那是细胞器。
每个细胞器都是一座迷你工厂，分别完成不同的任务。

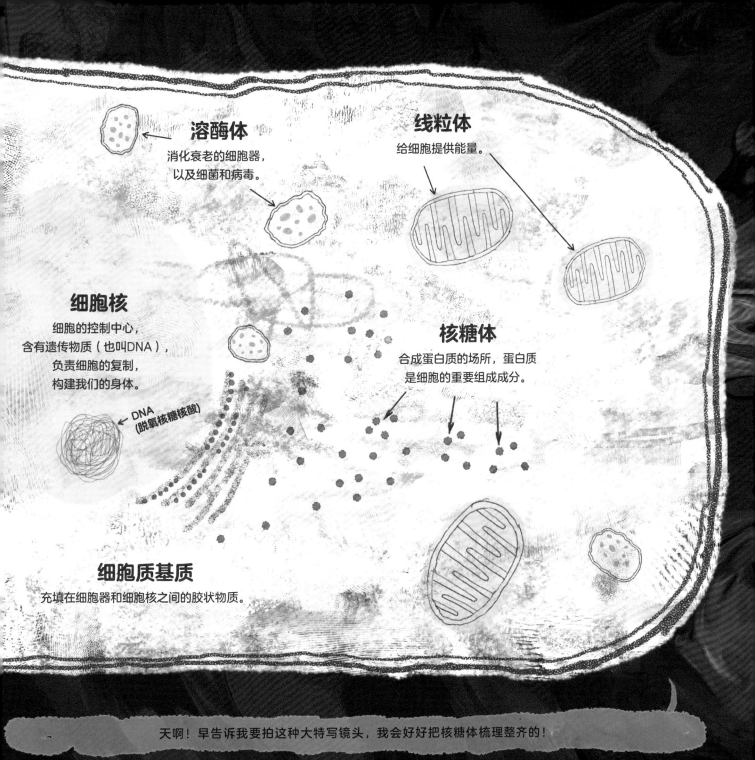

细胞
能够产生
新的细胞

（通过复制自身）……

并得到修复！

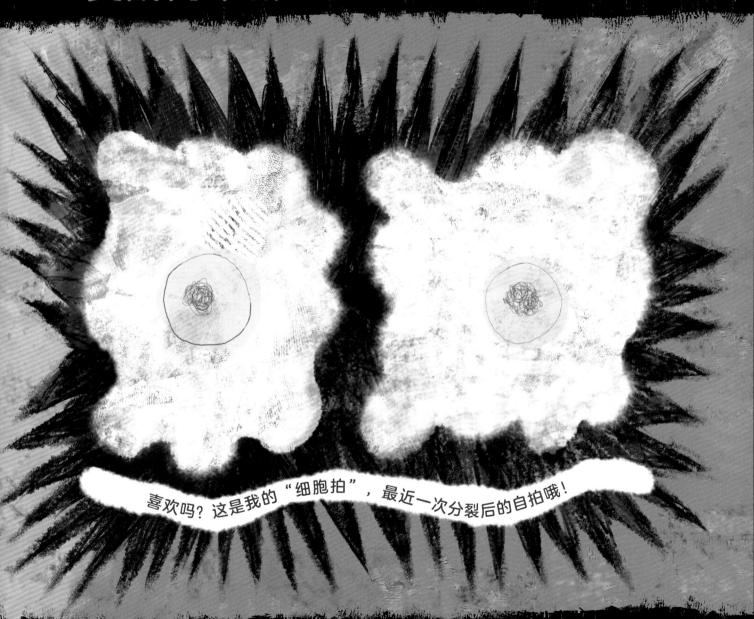

喜欢吗？这是我的"细胞拍"，最近一次分裂后的自拍哦！

这是有丝分裂。

有的细胞一天分裂两到三次。

有的细胞一年才分裂两到三次。

（死去或受损的
细胞会在体内被
吸收再利用，生
成新的细胞。）

1个细胞分裂成2个
2个细胞分裂成4个
4个细胞分裂成8个
8个细胞分裂成16个
16个细胞分裂成32个
32个细胞分裂成64个
64个细胞分裂成128个
128个细胞分裂成
256个细胞分裂
512个细

256个

成512个

胞分裂成1024个

继续分裂……

身体的
每个部分
都拥有了
所需的
足量细胞。*

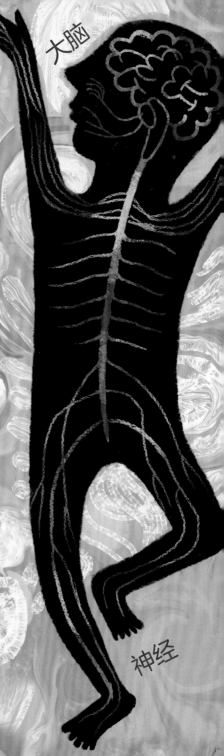

大脑

神经

*要是细胞无限分裂，就会导致癌症。

给你的身体
提供能量。

和
氧气

所以，你要好好吃饭，好好喝水，还有……

别忘了
要
好好呼吸!

终身保障

通过适当吸收再利用和更新替代，
你一生都会有足够的细胞
来维持身体运转！

细胞小知识

动物细胞 VS. 植物细胞

- 外层有细胞膜。
- 通过食物、水和氧气获取能量。

- 外层有细胞壁，细胞壁内侧有细胞膜。
- 通过阳光、水和二氧化碳制造能量。

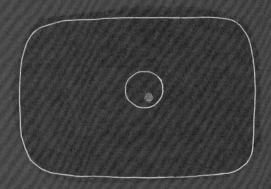
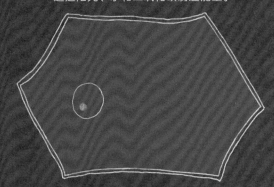

几种单细胞生物（只有一个细胞，你记得吗？）

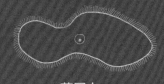

变形虫	草履虫	硅藻	细菌

- 外层有细胞膜。
- 生活在池塘、河床和淤泥中，也寄生于人体。
- 通过食物、水和氧气获取能量。

- 外层有细胞膜。
- 通常生活在淡水中。
- 通过食物、水和氧气获取能量。

- 外层有细胞壁。
- 生活在水里。
- 通过阳光、水和二氧化碳获取能量。

- 没有成形的细胞核。
- 无处不在，如海洋、河流、空气、土壤、植物、人体等等。
- 不同种类的细菌有各自的能量来源，如细胞、阳光、人类、植物等等。

关于细胞计数的说明

要数清楚人体有多少细胞很难，因为它们总在不断运动、分裂和脱落。本书中提到人体大约有37万亿个细胞，这个估计数出自伊娃•比安科尼（Eva Bianconi）和另外十二位科学家2013年发表于《人类生物学年鉴》上的论文：
"An estimation of the number of cells in the human body," *Annals of Human Biology* 40, no.6 (2013): 463–471,
https://doi.org/10.3109/03014460.2013.807878

~~37~~万亿3个笑话

What is a cell's favorite subject in math? DIVISION!

细胞最喜欢数学课上教什么？
除法！*

* 在英文中，"除法"和"分裂"都是division。

Why did the microscope cross the road? To get to the other SLIDE!

显微镜干吗过马路？
去找另一张载玻片呗！*

* 在英文中，slide（载玻片）与side（另一边）谐音。

KNOCK, KNOCK. Who's there? Mitosis. Mitosis who? Mitosis freezing out here. I forgot my shoes!

咚咚咚！
谁在敲门？
有丝分裂。
哪个有丝分裂？
快冻僵的那个，我忘记穿鞋了！

* 在英文中，mitosis（有丝分裂）与my toes（我的脚指头）谐音。

其他参考资料：

阅读比尔·布莱森《万物简史》(*A Short History of Nearly Everything*) 中关于细胞的章节。

阅读纳塔利娅·安吉尔《经典之美：科学的基本要素初探》(*The Canon: A Whirligig Tour of the Beautiful Basics of Science*) 中关于分子生物学的沉思。

研究埃德·杨《我们体内的微生物》(*I Contain Multitudes*) 中的微生物章节。

观看TED-Ed（TED教育）频道由劳伦·罗亚尔-伍兹制作的细胞理论史动画片《细胞理论的古怪历史》(*The Wacky History of Cell Theory*)。网址：https://ed.ted.com/lessons/the-wacky-history-of-cell-theory。

本书献给基兰

还有克里斯托弗、柯比、奎因、埃利、基拉、莱利、埃弗里和汉娜，以及卡尔加里所有读过这个故事的孩子。

特别要献给史蒂夫。

非常感谢卡尔加里大学的兽医病理学家卡梅伦·奈特博士帮我审稿！（本书中若有错误当然算我的，请各位不要找他！）

图书在版编目（CIP）数据

细胞：给所有生命的趣味科学书 /（加）卡罗琳·费希尔文图；陈静宇译. -- 北京：北京联合出版公司，2023.4

ISBN 978-7-5596-6650-5

Ⅰ. ①细… Ⅱ. ①卡… ②陈… Ⅲ. ①细胞-儿童读物 Ⅳ. ① Q2-49

中国国家版本馆 CIP 数据核字 (2023) 第 028147 号

北京市版权局著作权合同登记　图字：01-2022-4054

Cells: An Owner's Handbook

细胞：给所有生命的趣味科学书

（启发精选世界优秀畅销绘本）

文／图／［加］卡罗琳·费希尔
翻　译：陈静宇
选题策划：北京启发世纪图书有限责任公司
出品人：赵红仕
责任编辑：夏应鹏
特约编辑：刘 芹
特约美编：余君书

北京联合出版公司出版
（北京市西城区德外大街 83 号楼 9 层　100088）
北京盛通印刷股份有限公司印刷　新华书店经销
字数 30 千字　889 毫米 ×1194 毫米　1/20　印张 2.4
2023 年 4 月第 1 版　2023 年 4 月第 1 次印刷
ISBN 978-7-5596-6650-5
定价：48.00 元